スーパーパワーを手に入れた生きものたち ①

スーパーパワー発動！
Superheroes of Nature

ジョルジュ・フェテルマン／文　大西　昧／訳

トッケイヤモリ

はじめに

バットマンを知っていますか？　スパイダーマンは？　どちらも、スーパーパワーをもつ生きものたちからインスピレーションを得て生まれたスーパーヒーローです。

こうしたスーパーヒーローたちは、ふだんはたいてい平凡にくらしています。けれども、危険がせまると、超人的な力を発揮します。これも、生きものたちにならったものです。生きものたちがいざというときに発動する、人間にはまねできないような動きや防御力にはおどろかされます。そして、いつもは静かに目立たないように、変装やカモフラージュで姿をかくすというスーパーパワーもみごとです。

生きものたちは、捕食される危機を生きのびるため、次の世代を繁栄させるために、気が遠くなるほど世代をつないで、少しずつ、少しずつ、進化してきました。スーパーパワーとは、環境に適応して身につけた生きぬく力のことです。

生きものはみな、地球の生態系の中で生きています。把握しきれないほど多様な生きものたちが、スーパーパワーを発動し合い、直接に間接につながりあっています。わたしたち人間も生きものですから、その生態系の中でしか生きられません。しかしいま、人間は、生きもののすむ場所を破壊し、あるいは、生きものを乱獲しつづけています。そのせいで、みるみる数をへらして、絶滅しかけている生きものがたくさんいます。このままでは、この本の生きものたちの中にも二度と見られなくなるものが出てくるでしょう。このことにも目を向け、生きものたちが生きつづけられる世界にしていくために、わたしたち人間がスーパーパワーを発動させることを願っています。

デニス・オディ（海洋学者、WWF フランス）

もくじ

はじめに …………… 2

スーパー"戦闘"パワー

目から血を噴射 …………… 4
猛毒注意 …………… 6
後ろ足で仁王立ち …………… 8
発見不可能! …………… 10
毒毒バルーン …………… 12
モーレツにタフ! …………… 14
なかまのために自爆! …………… 16
かわいい毒使い …………… 18
超音波使い …………… 20
百発百中の電気ショック …………… 22

スーパー"スペシャリスト"パワー

農業をいとなむ …………… 24
極地往復パイロット …………… 26
ぶっちぎりのジャンプ力 …………… 28
集団で大移動して生きる …………… 30
巨大マンションの巣 …………… 32
超能力のような航海術 …………… 34
すご腕土木建築家 …………… 36

スーパー"誘惑"パワー

体のでかさが決め手 …………… 38
自然界きっての歌うたい …………… 40
命がけのクレイジーダンス! …………… 42
鼻の大きさが力の象徴 …………… 44
きわめつけの求愛ポーズ …………… 46

スーパー"サバイバル"パワー

天空の光で方位がわかる …………… 48
水がないなら飲まずに生きる …………… 50
体の一部を失っても再生 …………… 52
変わらずに生きる …………… 54
極厚の毛皮で万全な防寒 …………… 56
おどろきの渡り能力 …………… 58

スーパー"個性"パワー

ヘルメットで身を守る …………… 60
にがさない「口」 …………… 62
多機能で万能な鼻 …………… 64
海中で全方位のスーパー視覚 …………… 66
皮膚が透ける! …………… 68
内臓を放出して生きのびる …………… 70
若返る能力 …………… 72

スーパー"おきて破り"パワー

空飛ぶドラゴン …………… 74
水かきでスカイダイビング! …………… 76
海底を歩いてつりをする …………… 78
熱砂で水かきサーフィン! …………… 80
二本足で横っとびホッピング …………… 82
ほ乳類の滑空チャンピオン …………… 84
平たくなって空を飛ぶ! …………… 86
最強ハンター集団 …………… 88
海も空も飛ぶ …………… 90
飛べない翼 …………… 92

生きものさくいん …………… 94
訳者あとがき …………… 95

⭐ スーパー〝戦闘〟パワー

スーパー〝戦闘〟パワー

えものをつかまえて食べないと生きていけないもの（捕食者）は、狩りの能力が進化した。反対に、食べようと襲ってくる相手がいるものは、身を守る能力が進化した。

一撃でえものをしとめる能力を身につけたものがいる。食べたら即死する猛毒をもつようになったものがいる。また、まわりの自然にとけこんで姿をかくしたり（カモフラージュ）、ほかの生きものに見まちがえさせたりする能力がとことんみがかれた生きものがいる。捕食される危険や戦いそのものをさけられれば、生きのびられるからだ。環境に合わせ、長い時間の中で世代とともに進化した防御や戦いの力は、おどろくほどさまざまだ。力が強いものが生きのびやすいとはかぎらないのだ。捕食するか、されるかをめぐる、スーパーパワーをこれから見ていこう。

スーパーパワー
目から血を噴射

テキサスツノトカゲ

ステータス
学名：*Phrynosoma cornutum*
科：ツノトカゲ科（は虫類）
体長：約9〜15センチメートル
体重：約20〜90グラム
生息地：北アメリカの乾燥・半乾燥帯

トピックス
全身トゲだらけの体を風船のようにふくらませる。

このトカゲには、食べようと襲ってきたものをパニックにおとしいれる、とっておきのワザがあります。

テキサスツノトカゲの顔にはたくさんの角があり、背中などにもたくさんのトゲを生やして身を守っていますが、エサの少ない砂漠地帯では、コヨーテなどが食べようと近づいてきます。すると、テキサスツノトカゲは、トゲだらけの体を2倍にふくらませて、敵を威嚇します。それでもまだ近づいてくる敵には、なんと、目から血を噴射して身を守るのです！ 血にはコヨーテなどが苦手な化学物質がまざっていて、1メートル以上もはなれたところから、正確に敵にあびせられます。

テキサスツノトカゲは、アリやムカデ、クモなどをつかまえて食べます。岩のようにじっとして待ちぶせて、えものが近づいた瞬間には、もうのみこんでいます。

5

 スーパーパワー

猛毒注意

アイゾメヤドクガエル
（コバルトヤドクガエル型）

ステータス

学名：*Dendrobates tinctorius "azureus"*
科：ヤドクガエル科（両生類）
体長：約3～4.5センチメートル
体重：約8グラム
生息地：南アメリカ

トピックス

ありえない量の猛毒をもつ。

こんな体の色をしていたら、森の中でもかなり目立ちます。カエルをエサにする鳥も、小さなほ乳類や虫類も、気づいているはずですが、このカエルを食べようと襲ってくるものは、まずいません。

アイゾメヤドクガエルを口に入れたら、かならず後悔することになるからです。ぱくっとのみこんだら最後、即死です。カエルの皮膚にはアルカロイド系の猛毒がしみだしているのです。毒だ！と気づいて、すぐに吐きだして死をまぬがれた捕食者も、こんな色のカエルは危険だと学び、二度とつかまえようとしなくなります。このように、毒があると捕食者にひと目でわからせて、襲われる機会をへらす、目立つ体の色のことを「警告色」といいます。

アイゾメヤドクガエルのほかにも、アメリカの熱帯雨林には、目のさめるようなあざやかな色をしたカエルたちがいます。しかし、それらのすべての種類が毒をもっているわけではありません。毒はなくても、毒をもつ生きものと同じような色をしている（擬態といいます）と、捕食者が警戒するため、身を守りやすいのです。これを「ベイツ型擬態」といいます。

 スーパーパワー

後ろ足で仁王立ち

ミナミコアリクイ

 ステータス

学名：*Tamandua tetradactyla*
科：アリクイ科（ほ乳類）
全長（尾をふくむ）：約120センチメートル
おもな食べもの：シロアリ、アリ、ミツバチなど
生息地：南アメリカの森林、草原

 トピックス

ピューマやジャガーも威嚇する。

南アメリカにすむミナミコアリクイは、尾をのぞくと、タヌキと同じくらいの大きさです。敵にせまられると、後ろ足（と尾だけ）で立ち上がり、武道の達人のようなファイティングポーズをとります。前足を広げ、鋭い爪で威嚇するのです。相手も一瞬ひるむでしょう。

ミナミコアリクイは、地上でエサを探すとき以外は、身を守りやすい木の上でくらします。足と尾を使って枝にぶらさがることもできます。ジャガーなどの天敵に襲われやすい地上におりていくのは、シロアリやアリを食べるときです。ミナミコアリクイの前足の爪はものすごく発達しています。この強力な爪で、シロアリなどの巣もかんたんにこわし、ネバネバの舌をつっこんで、シロアリを一度に大量になめとります。舌の長さは40センチメートルもあります。

ミナミコアリクイは、鋭い爪のほかにも、もうひとつ天敵を撃退するワザをもっています。肛門付近からとんでもない悪臭を放つのです。スカンクよりもくさいといわれるほどで、ジャガーのような天敵もにげださずにはいられません！

スーパー"戦闘"パワー

★ スーパー"戦闘"パワー

サルオガセ

💪 スーパーパワー 発見不可能！

サルオガセツユムシ（サルオガセギス）

💡 **ステータス**
学名：*Markia hystrix*
科：キリギリス科（昆虫）　体長：約1〜6センチメートル
生息地：南アメリカ

📋 **トピックス**　サルオガセという地衣類（写真左）の上で姿が消える。

　サルオガセツユムシのように、まわりの色や形に似せて、エサにしようとねらってくる捕食者の目の前から姿をかくす方法を、カモフラージュといいます。

　サルオガセという、樹皮にくっつきぶらさがってくらしている地衣類（菌類と藻類の複合体）のなかまがいます。そのサルオガセを食べてくらすサルオガセツユムシは、カモフラージュのワザをあみだしました。足にも体にも、これでもかというくらい、細いトゲや糸のようなものを生やしています。鳥も、トカゲも、カエルも、サルオガセにまぎれたこの虫の触覚や羽を見分けるのは、不可能でしょう。ただひとつ、見つかる危険があるのが動くとき。ですから、サルオガセツユムシは、非常にゆっくりと動きます。何世代も何世代も、長い時間をかけた進化の結果、このようにうまくカモフラージュできるようになったのです。

　サルオガセツユムシはキリギリスのなかまですが、キリギリスのなかまには、カモフラージュをきわめたものがほかにもたくさんいます。葉っぱにしか見えないキリギリス、どう見ても枯れ葉にしか見えないキリギリス、まだらもようの葉っぱと区別がつかないキリギリス。捕食者が発見できないようにする能力は、究極の戦闘パワーといえるでしょう。

スーパーパワー

毒毒バルーン

ミゾレフグ

ステータス
学名：*Arothron meleagris*
科：フグ科（魚類）
体長：約30〜50センチメートル
食べもの：海綿、貝、サンゴ、海藻など
生息地：インド洋、東太平洋など

トピックス
特殊な4本の歯は強力で、かたい貝やカニもかみくだく。

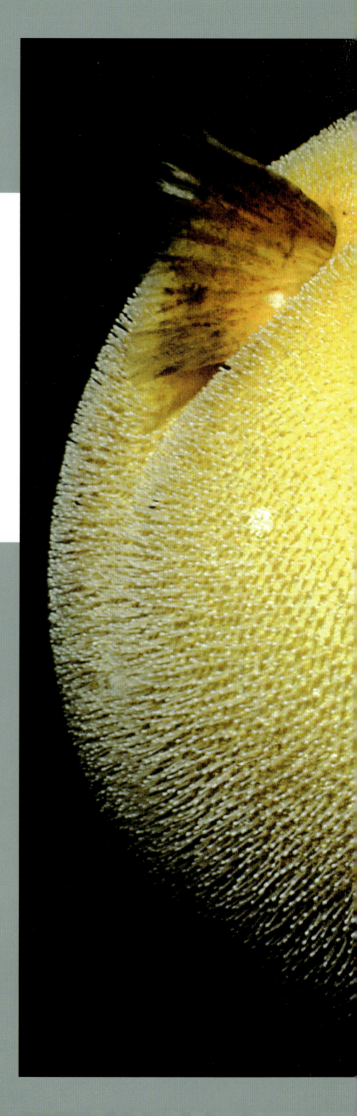

フグは、風船のように体をふくらませて、襲ってくるものを威嚇します。敵の口より大きくなれば、食べられる危険がへります。そのため、体を丸くふくらませる魚という意味の名前が、世界中でよくつけられています。

フグにとって、体をふくらませることはかんたんです。どんどん水を飲めばいいだけです。フグの胃は弾力があり、逆流をふせぐ特殊な弁もついています。また、胃のまわりの筋肉も、胃の中に大量の水などがあってもふくらんだ状態を保てるようになっているので、飲めば飲むだけ、体がふくらみます。ミゾレフグに、細かいトゲのある巨大なボールのようにになられては、捕食者も、かんたんに丸のみにはできません。ただし、このワザには、ふくらんでいるときは泳ぐことができなくなるという弱点があります。

フグには、襲われたときの対抗策がほかにもあります。強い歯で相手をかむこともできるのです。また、すべてのフグではありませんが、体の一部が、強い毒を帯びているフグもいます。毒が強いのは、目、肝臓、卵巣などです。フグの毒は、「テトロドトキシン」とよばれ、食べた動物の筋肉を麻痺させます。日本では、フグを料理して食べますが、調理するには免許が必要で、免許のない人が調理すると、毒にあたって死んでしまうことがあります。

★スーパー"戦闘（せんとう）"パワー

★ スーパー"戦闘"パワー

スーパーパワー モーレツにタフ！

ラーテル

ステータス
学名：Mellivora capensis
科：イタチ科（ほ乳類）　体長：約50〜70センチメートル
体重：約6〜15キログラム　生息地：インド、アラビア半島、サハラ以南のアフリカ（マダガスカルをのぞく）

トピックス 後ろ向きに走ることができる。巨大な襲撃者に遭遇したときに役立つ。

ラーテルは、体重が最大でも15キログラムくらいなのに、バッファローのような大きな動物だって襲います！

といっても、いつもそんな大きなえものをねらっているわけではありません。食べものがたりないときだけです。もし、勝てそうにない巨大な敵に出あったら、後ろ向きに走ってにげるというワザをもっています。

ラーテルは、「ミツアナグマ」という別名もあるように、ふだんは、ハチの幼虫やハチミツを食べるのが大好きです。ハニーガイドという小鳥は、地面にある野生のハチの巣を見つけると、ラーテルをそこまで案内します。ラーテルは、巣をこわし、中のハチミツやハチの幼虫を食べます。いくらハチがさしてこようと、まったく気にもとめません！ ラーテルが満腹になると、小鳥たちがおりてきて、残りを食べます。

ラーテルは、人間だったら死んでしまうような毒を食べても平気です。小さいうちから、サソリや毒ヘビなどを食べていて、少しずつ毒が効かない体になっているのです。成長したラーテルは、3メートル以上もあるような猛毒のヘビ、たとえば、ブラックマンバなどをつかまえて食べることもできます。

スーパーパワー

なかまのために自爆！

ジバクアリ

ステータス
学名：*Colobopsis explodens*
科：アリ科（昆虫）
体の色：黒っぽい茶色
生息地：ボルネオ島（インドネシア、マレーシア、ブルネイ）、マレーシア

トピックス
毒針をもたないが、毒で巣を守る。

アリのなかまには、毒をもっているものも多く、その毒を打ちこむ針をもっているものもいます。でも、ジバクアリのなかまは針をもっていません。どうやって、敵と戦うのでしょう。なんと、自分の体を爆発させるのです！

最近、ボルネオ島で、ジバクアリの新種が見つかりました。ジバクアリたちも、ほかのアリのなかまと同じように、女王アリと、何百万という働きアリたちとで、ひとつの巣にくらしています。働きアリたちには、襲ってくるほかの種類のアリなどから巣を守る役目もあります。大型のものは、大きな頭を盾に、強力なあごを武器に、敵と戦います。では、ほかの働きアリは、自分より力の勝る敵をどうやって撃退するのでしょう。その戦法はまさに究極のものです。自分で自分の腹を破裂させるのです。ジバクアリは、腹の中の毒の液が満ちた袋を爆発させて、黄色いネバネバした毒を敵にまきちらします。自分の命と引きかえにして敵を倒し、巣を守りぬくのです。

★スーパー"戦闘"パワー

★スーパー"戦闘"パワー

 スーパーパワー

かわいい毒使い

ピグミースローロリス

 ステータス

学名：*Xanthonycticebus pygmaeus*
科：ロリス科（ほ乳類）
体長：約19〜23センチメートル
体重：約450グラム
生息地：東南アジア

 トピックス

スローロリスのなかまは、霊長類で唯一、毒を使って身を守る。

捕食者が近づくと、ピグミースローロリスは強力な毒を歯にぬりつけます！

この毒は、ひじの近くにある腺から出る液を舌でなめとり、口の中で唾液とまぜ合わせてつくります。スローロリスは、その毒を口の中じゅう、また、口のまわりや体にもぬり広げるのです。毒は強く、ふれるだけでもダメージがあり、かまれると激痛に見まわれ、ひどいアレルギー反応を引き起こします。人間もまれにアレルギーでショック死することがあるほどなのです。

スローロリスのなかまは、いま深刻な危機に直面しています。見た目のかわいらしさがわざわいし、ペットとして人気が出てしまったのです。人間につぎつぎ捕獲され、売られています。そのうえ、人間は森林を伐採しつづけて、すむ場所をうばっています。ピグミースローロリスや、インドやカンボジア、中国にすむほかのスローロリスのなかまは、いま絶滅の危機にさらされています。

スーパーパワー
超音波使い

シマテンレック

ステータス
学名：*Hemicentetes semispinosus*
科：テンレック科（ほ乳類）
体長：約16〜19センチメートル
生息地：マダガスカル

トピックス
毛をこすり合わせて超音波を出す。

シマテンレックは、体に生えている毛が独特の進化をとげました。こすり合わせて音を出せる特別な毛もあります。

捕食者に襲われると、シマテンレックは、頭や背中にたくさん生えた長い針のような鋭い毛を逆立てます。それでも襲ってきた捕食者には、鋭い針が皮膚につきささることになります。ささった針は、シマテンレックの体からぬけるようになっています。メスが、近づきすぎたオスを追い払うときにもこの方法を使うことがあります。シマテンレックの頭から背中には、くっきりとしたしまもようがあります。目立ちそうですが、植物がしげる環境では、みごとなカモフラージュになって姿をかくしてくれます。

シマテンレックには、コオロギの羽のようにこすり合わせて音を出せる、特殊なかたい毛もあります。この方法で音を出すのは、ほ乳類の中ではシマテンレックだけです。コオロギとちがうのは、シマテンレックは、コウモリのような超音波を出すことができるのです。迷子になった子どもは、この方法で親をよびます。この超音波を出すと、襲ってきたマングースなどを追い払うこともできます。

スーパーパワー

百発百中の電気ショック

セイヨウシビレエイ

ステータス
学名：*Torpedo torpedo*
科：ヤマトシビレエイ科（魚類）
体長：約60センチメートル
生息地：地中海、大西洋東部

トピックス
古代ギリシャや古代ローマで医療に使われていた。

エイのなかまには、電気を使うものがいます。セイヨウシビレエイは、最大で200ボルトもの電気ショックをあたえます。人間も死の危険があるほど強い電気です。

電気は、身を守ったり、えものをつかまえたりするときに使います。シビレエイの狩りは待ちぶせです。海底にひそみ、えものが通るのをじっと待ちます。尾のついた円盤のような体をぴったりと海底にふせると、背の茶色とオレンジ色はあたりの砂と見分けがつかなくなり、青い「目」のようなもようしか見えなくなります。かんぺきなカモフラージュです。えものが気づかずに近づいてくるや、身をひるがえし、電気ショック！あとは気絶させたえものを丸のみにするだけです。

シビレエイたちは、進化の結果、頭の両側の皮膚の下に、「電気細胞（エレクトロサイト）」という、特殊な細胞でできた、一対の大きな器官をもつようになりました。筋肉をのびちぢみさせて電気をつくると、この電気器官にたくわえることができます。食べものを探して、うかつにシビレエイに近づいたものは、一瞬にして、人間も倒すほどの容赦のない電撃をお見舞いされることになります。

★ スーパー"戦闘"パワー

★ スーパー"スペシャリスト"パワー

スーパー"スペシャリスト"パワー

生きものがスーパーパワーを発動するのは、戦うときだけではない。家族やなかまと生きるために発動されるスーパーパワーがある。

気の遠くなるような長い旅をして生きるものも、群れで大移動を敢行するものも、なかまのためにおとりの役を引き受けるものも、家族やなかまとくらすためにさまざまな能力を発揮する。数百のなかまといっしょにすむマンションのような巣をつくったり、家族でダムをつくってすむ環境を変えたり、地下に畑つきの大都市をつくってくらしたりと、生きものたちのくらしは、おどろくほどさまざまだ。これから、家族やなかまと協力して発動するスーパーパワーを見ていこう。

24

スーパーパワー

農業をいとなむ

ハキリアリ

ステータス

科：アリ科（昆虫）
体長：約3～12ミリメートル
生息地：北アメリカ、中央・南アメリカの湿潤な熱帯および亜熱帯地域（森林、サバンナ）

トピックス

体の何倍もある大きな葉っぱを切りとって運ぶ。

ハキリアリは、強いあごの力で木の葉を切り落とし、遠くの巣までひたすら運びます。役割分担もきっちり決まっていて、たった一日で、木を1本、丸はだかにしてしまうほどの働きぶりです。

けれども、葉を食べるわけではありません。農業をいとなむために、地面の下の巣の奥深くまで運びこむのです。ハキリアリは、葉っぱをかみくだいて、そこでキノコを栽培しているのです。温度や湿度の管理もします。育ったキノコは、アリたちの食べものになります。

ハキリアリのコロニー（集団）は、数百万匹になることもあります。全員の食糧をまかなうとなれば、のんびりしているひまなどありません。森で大きな木が倒れたりしたら、ハキリアリによって、あっという間に木から葉が刈りとられます。ハキリアリたちのこうした活動は、うっそうとした森の地面に光をとどけ、森に若い木が育つのを助けています。

スーパーパワー

極地往復パイロット

キョクアジサシ

 ステータス

学名：*Sterna paradisaea*
科：カモメ科（鳥類）
全長（尾をふくむ）：約30〜50センチメートル
翼開長（羽を広げた長さ）：約75〜85センチメートル
寿命：約20〜30年

 トピックス

生涯の飛行距離は、地球と月の数往復にあたる！

キョクアジサシは渡り鳥です。毎年、北極圏から南極圏まで飛んでいき、北極圏へもどってきます。ほかの鳥にはまねできません！

キョクアジサシは、北極圏が夏の間の子育ての場です。夏が終わると、南極圏まで飛んでいきます。つくころにはちょうど南極圏が夏。なんと、キョクアジサシは1年に2回、太陽のしずまない極地で夏をすごします！

キョクアジサシは、とちゅう、魚や甲殻類を食べてたっぷりとエネルギーをおぎないながら、貿易風などの風をたくみに利用して、S字をえがくルートを飛んでいきます。毎年、3万5000キロメートルの渡りをしていると考えられてきましたが、最近の調査では、8万キロメートルも移動することがあきらかになっています。

★ スーパー"スペシャリスト"パワー

⭐ スーパースペシャリストパワー

スーパーパワー

ぶっちぎりのジャンプ力

スプリングボック

ステータス
学名：*Antidorcas marsupialis*
科：ウシ科（ほ乳類）
体高（肩までの高さ）：約75〜90センチメートル
生息地：アフリカ南部

トピックス
南アフリカ共和国のラグビー代表チームのシンボルに！

後ろ足にバネをつけているんじゃないの？　と、思うほど、スプリングボックは、とにかくよくはねます。垂直になら4メートル、前方になら15メートルもジャンプすることができます！

スプリングボックは、アフリカのサバンナで、100頭前後の群れをつくってくらしています。サバンナには、おそろしい捕食者たちもくらしています。とくに、ライオン、ヒョウ、チーターなどは、スプリングボックやガゼルのやわらかい肉が大好物です。

スプリングボックは、敵を察知したとたん、にげだします。長い距離なら時速約50キロメートルでジグザグに走ります。短い距離なら時速100キロメートルに達するほどの俊足ですが、敵がせまってきてもにげださず、まるでジャンプ力を見せつけるかのように垂直に高くとび上がることがあります。そんなことをしていたらつかまりそうですが、このジャンプを見た捕食者が襲うのをためらうところがしばしば観察されています。ほかのなかまもそのすきににげることができ、群れ全体を守ることにつながっています。

29

★ スーパースペシャリストパワー

💪 スーパーパワー　集団で大移動して生きる

オグロヌー

ステータス
学名：*Connochaetes taurinus*
科：ウシ科（ほ乳類）　体長：約150〜200センチメートル
体重：約100〜270キログラム

トピックス　ヌーとシマウマはいっしょに群れとなり、大移動をする。

オグロヌーは、アフリカの東部や中部の、気候のうつりかわりに合わせて、毎年、大移動して生きぬいてきました。

毎年、百何十万頭ものヌーが、ときにはシマウマなどといっしょに、タンザニアのセレンゲティ平原から、ケニアのマサイマラの緑の草原へと大移動をはじめます。ヌーは、数十キロメートル先の雨や、湿った土のにおいもかぎとれるといわれる鋭い嗅覚と持久力で、およそ3000キロメートルもの距離を移動します。ライオンやヒョウ、チーターなどにねらわれることもありますが、群れで結束して対抗します。

8月ごろ、ヌーの群れは、タンザニアとケニアの国境のマラ川の川渡りをします。移動の最大の難関です。水かさのある濁流を前にして、ヌーたちはなかなか飛びこもうとはせず、岸をうろうろするばかりです。けれども、そのうちに勇敢な1頭が飛びこむと、ほかのヌーたちもためらうことなくつぎつぎにつづきます。川の流れにのまれて、力つきてしまうヌーもたくさんいます。けれども、群れの大多数のヌーやシマウマは、無事に向こう岸にたどりつきます。群れで捕食者から身を守り、大移動をなしとげる集団行動が、ヌーのスーパーパワーです。

31

★ スーパースペシャリスト パワー

巨大マンションの巣

シャカイハタオリ

ステータス

学名：*Philetairus socius*
科：ハタオリドリ科（鳥類）
全長（尾をふくむ）：約14センチメートル
体重：約26〜30グラム
生息地：アフリカ南部の乾燥地帯

トピックス

巨大マンションを建築し、みんなで子育てする。

シャカイハタオリの巣は巨大です。鳥類にはめずらしく、コロニー（集団）でくらしているのです。500羽もがすめる巣をつくったという記録もあります！

シャカイハタオリは、スズメのなかまで、体の大きさも色も、穀物を食べるのに適した円すい形のくちばしも、スズメに似ています。

シャカイハタオリはみんなで協力して巣をつくります。アカシアのようなじょうぶな木はもちろん、電柱や電線にも巣をつくります。巨大マンションのようなつくりで、つがいごとの個室に分かれているほか、共同で使う部屋もあります。真ん中の部屋は一定の温度に保たれ、子育てや寝るために使われ、外側の部屋は風が通るので、暑い日には涼むために使います。

巣をつくるときは、大きな枝で骨組みと屋根などの基礎をつくり、草などを編むようにして個室をつくっていきます。つくった巣は、補修をしながら何世代にもわたって使います。巣は、長さ5メートル以上、重さが何トンにもなることもあるため、重さで枝や木が折れてしまわないよう、しっかりした場所を選びます。もし折れてしまったら、同じ場所には残らず、新しい場所に移って、みんなでまた巣をつくります。

スーパーパワー
超能力のような航海術

ヨーロッパウナギ

ステータス

学名：*Anguilla anguilla*
科：ウナギ科（魚類）
全長：約40〜150センチメートル
体重：最大で、約4キログラム

トピックス

海から川へ、川から生まれた海へ。超長距離をまちがえずに移動する。

ウナギは、何千キロメートルも移動することができます。おどろくべき嗅覚のおかげです！

ヨーロッパウナギは、北大西洋のサルガッソー海で生まれます。サルガッソー海は、周囲のすべてを陸ではなく、4つの海流でへだてられてできている独特な海です。生まれたときのウナギ（レプトケファルス）は、体が透明でウナギに成長するとは想像できない姿をしています。海流に乗って、ヨーロッパ各地の海岸まで流れつき、河口や泳ぎのぼった上流で、小魚を食べながら、数年から10年ほどかけて、色を変え変態して成長します。最大で150センチメートルほどになります。

おとなになると、大西洋に出て、長い旅をはじめます。生まれた場所に帰って子孫を残すためです。ウナギは、鋭い嗅覚によって、生まれた場所への正しい方向をかぎ分けることができます。

ウナギは非常にたくさんの卵を産みますが、生きのこれるのはわずかです。ウナギはいま、深刻な絶滅の危機に直面しています。人間による乱獲と開発がおもな原因です。

スーパーパワー　すご腕土木建築家

ビーバー

- ステータス
  科：ビーバー科（ほ乳類）
  体長：約80〜120センチメートル
  生息環境：草原や森林の水辺

- トピックス
  土木工事をして、すみやすい環境にする。

⭐ スーパー"スペシャリスト"パワー

ビーバーは、水辺にすみ、水上と陸上の両方でくらします。後ろ足には水かきもあります。木を切り倒してダムをつくり、水をせきとめ、家をつくり……、陸上で、水中で、すご腕を発揮します。

げっ歯類（ネズミのなかま）ですが、歯がほかのげっ歯類よりかたく、上下一対の前歯（門歯）は、ものすごいスピードで生涯のびつづけます。ビーバーはその歯を使って、木の太い幹さえも切り倒してしまいます。それから、幹を回しながら、まるで巨大な鉛筆を削るようにかじり、歯を研ぎます。もちろん、倒した木に生えていたやわらかい葉っぱは食べます。

ビーバーは、倒した木を使ってダムをつくります。自分たちがすみやすいように、川の流れもコントロールするのです。まず、丸太を水の中に運んでしっかり川の底に固定します。その上に枝や泥を積み重ねてダムを建設していきます。

ビーバーのなかまは、現在2種。ヨーロッパビーバーは、30メートルもの長さのダムをつくります。アメリカビーバーは、さらに大きなダムをつくることで知られています！ビーバーはダムをつくるだけでなく、土手に複雑な巣穴をほるのもとくいです。

37

⭐ スーパー "誘惑" パワー

スーパー "誘惑" パワー

雌雄の性がある生きものは、メスは次の世代を産むために、相手のオスを選ぶ。メスとオスの遺伝子を組み合わせれば、次の世代は多様な組み合わせの遺伝子をもつ。その多様性が、種が生きのびる可能性を広げるのだ。

自然界では、たいていオスがメスにさまざまな方法で求愛する。なかには、びっくりするような求愛の仕方がある。戦いでライバルをけちらすもの、目がはなせなくなるほどあざやかな色を身にまとうもの、技巧をつくして愛のダンスを踊るもの、ラブソングを聞かせるもの。わたしたち人間にどれほど奇抜に見えたとしても、みな、ライバルたちより自分のほうがすぐれていることをしめそうとしているのだ。なかには、鼻が大きいことが決め手になることもある。繁殖の季節がめぐってきたとき、オスたちが、ありったけの情熱でどんなスーパーパワーを見せるのか、見ていこう。

スーパーパワー
体のでかさが決め手

ミナミゾウアザラシ

ステータス

学名：*Mirounga leonina*
科：アザラシ科（ほ乳類）
体長：オス 約5メートル、メス 約2.4メートル
体重：オス 約2200〜4000キログラム
　　　メス 約400〜900キログラム
生息地：南極とその周辺の太平洋、インド洋、大西洋

トピックス

オスはメスの何倍もの大きさで、体重もずっと重い。

ゾウアザラシは、アザラシの王といわれます。オスは、ゾウのような、ぶらさがった形の特別な鼻をしています。この鼻を使って、とてつもなく大きな音を出すことができます。

繁殖の季節になると、ゾウアザラシは陸に上がり、1頭のオスとたくさんのメスとでとても大きなコロニー（集団）をつくって子育てをします。ハーレムともいいます。ハーレムをつくれるのは、強くて体の大きなオスです。近づいてくるほかのオスたちを追い払うために、まず、鼻を使って出す音の大きさで強さをしめすのです。これで追い払えれば、決闘をして体力を消耗しなくてすみます。

ゾウアザラシには、ミナミゾウアザラシのほかに、北半球の太平洋でくらすキタゾウアザラシがいます。どちらのゾウアザラシも、ふだんは海でくらしているので、陸上を歩くのは苦手ですが、泳ぎや潜水はずばぬけています。潜水能力は、水深1000メートル以上で、ほかの捕食動物がもぐれない深い場所で魚やイカをつかまえるのです。ゾウアザラシは、人間の乱獲によって絶滅寸前まで追いこまれましたが、現在は数が回復しています。

39

 **スーパーパワー**

自然界きっての歌うたい

セミ

 ステータス

科：セミ科（昆虫）
全長（羽をふくむ）：約5～13センチメートル
色：緑色または茶色
種の年齢：2億6400万歳以上

 トピックス

数キロメートルはなれていても聞こえるほどの歌唱力。

オスのセミは、腹部に音を出すための器官をもっていて、「ジージー」や「ミンミン」などの音を響かせます。子孫を残すためにメスの気をひこうと、歌にすべてをかけているのです。

オスの腹部にはうすい膜（発音膜）があり、それを特殊な筋肉（発音筋）を使ってものすごく速くふるわせて音を出します。しかも、腹部の中は、太鼓のようにほぼ空洞になっているので、音は共鳴して大きくなり、遠くまで響きます。セミのオスはまさに音を出すために体を発達させたのです。セミの耳は、頭ではなく腹部にあり、メスは、オスの出す音を腹部で聞きます。メスの腹部には、発音器官のかわりに、卵を産むための器官がつまっています。

セミの「歌」が聞こえる地域は、以前とは変化してきています。日本の都市部では、温暖化の影響で、より高温を好むクマゼミがふえ、アブラゼミの数がへっています。

★スーパー"誘惑"パワー

★スーパー"誘惑"パワー

42

スーパーパワー

命がけの クレイジーダンス!

クジャクグモ

 ステータス

科：ハエトリグモ科（節足動物）
体長：約4ミリメートル
生息地：オーストラリア

 トピックス

美しいもようでおおわれた腹部をもち上げ、ふるわせてメスをうっとりさせる。

このクモは、米つぶほどの大きさです。メスに受け入れてもらおうと、オスは命がけのダンスを踊ります。

メスを前にしたオスは、2本の長い足をゆっくりとふり上げると、次に、お腹をもち上げ、横側にある2枚の色あざやかな扇の部分をクジャクの尾のように広げます。そして、2本の長い足を使ってたくみに踊ってみせながら、自分がパートナーにふさわしいとアピールします。メスをうっとりさせておかないと、メスに食べられてしまう！ という、命がけのダンスなのです。メスが興味をしめしたら、オスはさらに複雑なステップで誘惑して、自分が種としてすぐれている、優秀な子どもを残せるぞ、とメスにアピールします。

クジャクグモは、オーストラリアのクイーンズランド州とニューサウスウェールズ州にすんでいます。ハエトリグモ（クモの巣をはらないクモ）のなかまで、えものを見つけると、しのびよって飛びかかり、一撃でしとめる狩りの達人です。

43

スーパーパワー

鼻の大きさが力の象徴

テングザル

ステータス

学名：*Nasalis larvatus*
科：オナガザル科（ほ乳類）
体長：オス 約66センチメートル
　　　メス 約53～61センチメートル
生息地：ボルネオ島（インドネシア、ブルネイ、マレーシア）の、マングローブ林、淡水近くの森、熱帯低地林

トピックス

怒ると、鼻が赤くなる。

テングザルのオスは、鼻が長ければ長いほど美しいとされ、なかまから尊敬され、メスの愛を勝ち得ることができます！

日本では、「天狗」のような鼻をしているサルなので「テングザル」とよばれます。大きな鼻をもっているのはオスです。テングザルの世界では、「この大きな鼻を見よ！ すばらしい子が生まれる証拠だ」と声に出さずにいっているのです。鼻は生涯ずっとのびつづけます。長く生きのび、より多くの危険を乗り越えてきたオスの子孫を多く残せるように、大きな鼻が力の象徴となったのです。大きな鼻の役目はそれだけではありません。嗅覚もなみはずれています。また、大きな鼻の穴は、音を増幅でき、より大きな声を出してなかまに危険を知らせることもできるし、鼻の色で怒っているかどうかもわかります。メスの鼻は、オスとちがい、ずっとひかえめです。

テングザルは、ボルネオ島の森で群れをつくり、ほとんどの時間を木の上ですごします。群れの中には序列があります。力の強さだけでなく……、鼻の大きさで決まります！

テングザルにとっての最大の脅威は、人間による森林伐採です。すめる場所がなくなってきているのです。

44

★スーパー"誘惑"パワー

45

★ スーパー"誘惑"パワー

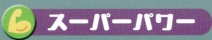

スーパーパワー

きわめつけの求愛ポーズ

キジオライチョウ

ステータス

学名：*Centrocercus urophasianus*
科：キジ科（鳥類）※ライチョウ科とすることもある
全長（尾をふくむ）：オス 約80センチメートル、メス 約50センチメートル
体重：約1.5〜3キログラム
生息地：北アメリカの内陸西部の草原とセージの生える土地

トピックス

ライチョウのなかまでは、北アメリカでもっとも大きい。

キジオライチョウは、北アメリカの草原で、体の大きさだけでなく、もっともインパクトのある求愛をすることで知られています！

オスは、つがいになる相手として認めてもらうために、メスの前でとっておきのパフォーマンスを見せます。まず、美しくとがった尾羽をクジャクのように広げ、翼でボディービルダーのようなポーズをとり、白い羽毛の生えた胸をふくらませます。すると、2つの黄緑色の空気袋があらわれます。メスはこの袋と、袋の空気を使って出す「タポン」という音にとても魅力を感じるのです。オスは、翼の動きと合わせ、この袋をふくらませたり、ゆすったりして、メスにアピールします。

メスは、茶色と灰褐色のまだらもようで、オスのように目立ちません。これにも理由があります。メスは交尾の準備ができると、長い草の中にある巣にしゃがみこみますが、まだらもようがカモフラージュとなり、捕食者から身を守ることができるのです。

47

★ スーパー"サバイバル"パワー

スーパー "サバイバル" パワー

陸の上でも、海でも、およそどんなところにでもすめるようになった生きものがいる。

わたしたち人間は、砂漠、氷に閉ざされた世界、光のとどかない洞窟、高い山の上などに、すむことはむずかしい。けれども、このような場所の極端な暑さや寒さに耐える動物や植物がいる。水がほとんどない場所にすんでいるものがいる。季節の変化に合わせて、世代をリレーして大移動するものがいる。地球では、恐竜を絶滅させたいん石の激突や、火山の噴火などがもとで、ほとんどの生きものが絶滅してしまったことが何度もあった。だが、それを生きのびたものたちがいる。生命のもつ力を証明してくれている生きものたちを見ていこう。

スーパーパワー

天空の光で方位がわかる

フンコロガシ

ステータス

科：コガネムシ科など（昆虫）
おもな食べもの：動物のフン
生息地：ほぼ世界中。砂漠、乾燥地帯にもすむ

トピックス

太陽や月、星からの情報を利用してくらす。

フンには、生きものが消化しきれなかったり、あまったりした栄養分がふくまれていて、ほかの生きもののエサや植物の養分になります。そう、フンコロガシのエサは、動物（ほ乳類）のフンなのです！

フンをエサにするやり方は、さまざまです。フンをボール状にして巣まで運ぶもの、フンの中にすみついてそのまま食べるもの、フンの下にトンネルをほって、巣にフンを引きこむものなどがいます。フンをボール状にして運ぶフンコロガシは、体の何倍もあるフンボールを逆立ちして後ろ向きにころがして巣まで真っすぐ運んでいきます。

後ろ向きにころがしているのに、なぜ巣のある方向がわかるのでしょう？　フンコロガシは、太陽の光から方位を計算できます。さらに、夜行性のものは、月や星の光のパターン（人間には見えません）を感知して方位を計算できるのです。フンコロガシは、巣まで運んだフンボールの中に卵を産み、卵からかえった幼虫はフンを食べて成長します。フンコロガシというグループの種の数は5000以上といわれ、病原菌などの発生をふせいだり、土を肥やしたり、大気の成分を一定に保ったり、生態系にとって大きな役割をはたしています。

 **水がないなら飲まずに生きる**

サバクカンガルーネズミ

 学名：*Dipodomys deserti*
生息地：アメリカとメキシコの砂漠、乾燥地帯

 ネズミのなかまだが、まるで小さなカンガルーのようなジャンプ力がある。

★スーパーサバイバルパワー

サバクカンガルーネズミは、手のひらにのるくらいの大きさで、砂漠などとても乾燥しているところにすんでいます。人間は水を飲まずには3日と生きられないのに、サバクカンガルーネズミは、なんと3年間も、水を飲まないで生きていられます！

サバクカンガルーネズミは食べものにふくまれる水分だけでくらせます。日中は穴の中ですごして、水分が失われないことを最優先に生活しています。夜になると、巣穴から出てきて、植物に露のしずくがついていれば、それを飲みます。

サバクカンガルーネズミの腸のまわりの血管は胃腸の水分をほとんどすべて吸収し、フンに水分が残ることはありません。オシッコは腎臓が完全にろ過して水分を血液にもどします。サバクカンガルーネズミの体の機能は、脱水になることをふせげるように進化しました。

サバクカンガルーネズミは、ヘビなどの天敵に襲われると、驚異的なジャンプ力でにげたり、ヘビをけりとばしたりして身を守ります。

51

 スーパーパワー

体の一部を失っても再生

ファイアサラマンダー

ステータス

学名：*Salamandra salamandra*
科：イモリ科（両生類）
全長（尾をふくむ）：約15〜20センチメートル
寿命：約30年
生息地：おもにヨーロッパの中部と南部の森や林のじめじめした場所

トピックス

強烈な毒をもっている。

ヨーロッパで古くから信じられてきた炎の中にすむという伝説の生きものが、このファイアサラマンダーです。実際に火に強いわけではありませんが、おどろくべきスーパーパワーをもっています。
日中はぬれた落葉やコケむしている暗い場所にかくれていて、おもに夜、昆虫やクモなどをつかまえて食べます。この大きさの動物としては、非常に長生きで、約30年も生きることができます。手足や尾、皮膚や筋肉、内臓の一部まで失っても、数か月で再生することができます。それだけではありません。寒さにも備えています。足と尾などへの血液の流れを制限し、体液中の糖分をふやして不凍タンパク質をつくりだし、冬の間も動くことができます。
おどろくべき能力はまだあります。危険がせまると、両方の目の後ろあたりの耳腺から、強力な毒を発射するのです。口に入れてしまった捕食者が、毒に気づいて吐きだしても、もう手遅れです！　ファイアサラマンダーの目立つ体の色は、捕食者に、「気をつけろ！　わたしは毒をもっているぞ！」と知らせる警告色なのです。

★スーパー"サバイバル"パワー

 スーパーパワー

変わらずに生きる

オウムガイ

 ステータス

科：オウムガイ科（軟体動物）
殻の直径：20センチメートル前後
生息地：太平洋の島々とオーストラリア沿岸の、水深800メートルまでの深海

 トピックス

地球規模の大災害を何度も生きのびた。

　オウムガイは、何億年も前からほとんど変わらずに生きつづけてきた「生きている化石」です。現在、少なくとも4種いると考えられています。
　オウムガイは、イカやタコと同じ頭足類とよばれる軟体動物です。「古生代」とよばれるとても古い時代の化石と、いまのオウムガイとは、形や構造が同じ。つまり、恐竜があらわれるはるか昔の、5億年近く前からほとんど変わっていないのです！
　たいていの生きものが進化したり絶滅したりしている中で、なぜ変わらないまま生きてこられたのでしょうか。オウムガイの殻は、巻貝と同じように見えますが、とてもかたく、内側は規則正しくいくつもの部屋に仕切られています。部屋にはガスと液体が入っていて、その液体の塩分の濃度を変えることで、体の重さを調整します。ふだんは深い海にしずんですごしていますが、夜になると、エサを探しに海面近くまで浮かび上がることができるのです。オウムガイのように、エサのとり方や移動、身を守る方法など、適応した環境が変わらなければ、そのままで生きつづける生きものもいるのです。

55

★ スーパー"サバイバル"パワー

スーパーパワー 極厚の毛皮で万全な防寒

ジャコウウシ

ステータス
学名：*Ovibos moschatus*
体長：約2.5メートル　体高（肩までの高さ）：約1.4メートル
体重：約215〜315キログラム　生息地：カナダ、グリーンランド（デンマーク）

トピックス
毛むくじゃらのバイソンのように見えるが、ヤギのなかまに近い。

生命が誕生してから、数万年という長期にわたり氷でおおわれる氷期が、少なくとも数十回あったと考えられています。ジャコウウシは、最後の氷期を生きのびてきた生きものです。

ジャコウウシは、気温がマイナス20〜40℃になる北極圏にすんでいます。極厚の毛皮で体をおおい、毛の長さは60センチメートル以上、地面にとどくほどにもなります。ジャコウウシは群れをつくってくらし、寒さから身を守るときは、まず、子どもを真ん中に円陣を組んで、ぴったりくっついて体温がうばわれるのをふせぎます。極寒の環境に適応していますが、暑さには非常に弱くて、10℃以上の気温には耐えられません。気候変動（温暖化）は、ジャコウウシにとって、種の存続にかかわる脅威となっています。

ジャコウウシは、オスにもメスにも角があります。頭の上から、ちょうどヘルメットのように両側にカーブしながらのびています。オスの角は大きくて長く、メスをめぐって争うときにはこの角ヘルメットでおそろしい頭つきバトルをくりひろげます。また、天敵のホッキョクオオカミなどが襲ってきたときにも、オスが巨大な角を敵に向けて円陣を組み、子どもたちを守ります。オスは、目の近くから強烈なにおいのする物質を出して、自分の力をしめします。

> スーパーパワー

おどろきの渡り能力

オオカバマダラ

> ステータス

学名：*Danaus plexippus*
科：タテハチョウ科（昆虫）
翼開長（羽を広げた長さ）：
約8〜12センチメートル
生息地：アメリカ大陸

> トピックス

手のひらくらいの大きさで、毎年アメリカからメキシコまで、4800キロメートルも旅をする。

オオカバマダラは、ひたすら遺伝子の指令にしたがって何千キロもの渡りをします！

毎年、秋になると、何百万というオオカバマダラが、カナダやアメリカから、メキシコの暖かい場所へと大移動します。そこで越冬し、春がくるとまた北へと向かいます。けれども越冬したチョウたちは、渡りのとちゅうで卵を産んでその一生を終えます。そして、卵からかえった子どもたちが成長して、なぜか、一度も行ったことのないアメリカやカナダへの渡りをつづけます。これを何度かくりかえして、夏の繁殖地にちゃんとたどりつけるのです。秋にメキシコまで渡り越冬する世代も、遺伝子の指令だけをたよりに渡りをする世代も、まさにスーパー渡りチョウです。

オオカバマダラの幼虫が食べる植物には毒があり、毒もいっしょに体内にとり入れます。毒は、成虫になっても体内に残っています。あざやかな羽の色は、捕食者に毒があると知らせる警告色です。

58

★ スーパー"個性"パワー

スーパー "個性" パワー

「個性がありすぎ!」、「信じられない!」……。奇想天外すぎてことばを失う生きものたちがいる。

えもののにおいを水中でもかぎ分けるモグラ、若返るクラゲ、体内がなぜか透けて見えるカエル。生きものの進化の多様さには、わたしたちの想像力など足元にもおよばない。生きものは、非常に長い時間をかけて、ゆっくりとあらゆる方向に枝分かれし進化してきた。いまの世界をつくり上げている、進化の最前線に立っている生きものたちを見ていくことにしよう。

ヘルメットで身を守る

ツノゼミ

ステータス
科：ツノゼミ科（昆虫）
種の数：3200種以上
生息地：世界中、とくに中南米に種類も多い

トピックス
捕食者との戦いで、ヘルメットがなくなってしまうことがある。

ツノゼミたちは、ヘルメットをつけているような姿をしています！

ツノゼミは、たいてい5～15ミリメートルほどの大きさです。よく見ると、ヘルメットの形は、植物のトゲ、種、葉っぱのような形をしたもの、カブトや角のように見えるものも、アリのように見えるものも、テレビのアンテナ、ヘリコプターのプロペラのような形もあれば、なんの形なのかわからないものまで、種によっておどろくほど個性的です。なぜこんなに形が多様なのでしょうか。カメムシやハチなどの天敵に襲われたときの防具にもなるし、身を守るための擬態だろうと考えられていますが、いまのところ、はっきりとわかっていません。

コミュニケーションの方法も個性的です。ツノゼミのなかまに近い昆虫は、体の一部をこすり合わせて音を出しますが、ツノゼミは体をふるわせ、自分がいる場所を振動させて、コミュニケーションをとります。まわりのツノゼミは、足でその振動を感じとります。

★スーパー"個性"パワー

スーパーパワー

にがさない「口」

オオグチボヤ

ステータス

学名：*Megalodicopia hians*
科：オオグチボヤ科（尾索類）
体長：約13センチメートル
生息地：水深約200〜1000メートルまでの深海。アメリカ・カリフォルニア州、モントレー湾の海底渓谷が有名

トピックス

えものを残らずつかまえて確実に食べるために、体全体がほぼ「口」になっている。

オオグチボヤは、光のとどかない深海にすんでいます。深いところでは水深1000メートルにもなります！

オオグチボヤは、ホヤという海洋生物のなかまです。ホヤは、成体になると、海底の岩などに体を固定し、吸水口という穴から水を吸いこみ、プランクトンなどのエサをろ過して、残りの水を排水口という穴から排出します。オオグチボヤは、体を固定し水を吸いこみ、ろ過するのはホヤと同じですが、それだけではなく、食べるためにえものをつかまえます。怪獣のように大きな口をあけてえものを待ち、水といっしょにねこそぎのみこんで、すばやく口をとじるのです。いわば「狩りをする」ホヤなのです。ハエトリグサのような食虫植物が、昆虫をとらえるのと同じやり方です。えものを消化し、もう一度食事が必要になるまで、オオグチボヤは口をとじたままにしています。

動物には、脊椎のある動物と、脊椎のない動物がいます。オオグチボヤなどホヤのなかまは、幼生のときに、背骨のような「脊索」とよばれる体の中心の軸をもっていて、遺伝子も脊椎動物との共通点が多いことがつきとめられています。意外かもしれませんが、オオグチボヤなどの尾索類は、わたしたち人間をふくむ脊椎動物と共通の祖先をもっていると考えられています。

★スーパー個性パワー

64

スーパーパワー
多機能で万能な鼻

ホシバナモグラ

ステータス

学名：*Condylura cristata*
科：モグラ科（ほ乳類）
体重：約50〜80グラム
全長（尾をふくむ）：約20センチメートル
鼻：直径約1センチメートル。22本の肉質の突起がある
生息地：カナダ東部およびアメリカ北東部の湿った森林地帯

トピックス

水中でもにおいをかぎ分けて、えものを見つける。

ほかのモグラといちばんちがうのは、鼻です。鼻の先に指のように動く22本の突起があることです！

暗い土の中でくらすモグラのなかまは、目と耳が退化したかわりに、鼻の先にわずかな振動も感知する「アイマー器官」という小さな器官をもっています。ホシバナモグラはこの器官がおどろくほど発達しました。なんと、まわりのようすを感知する感覚受容体が2万5000個もあるのです。ホシバナモグラは、ほかのモグラのなかまと同じように、トンネルをほって地中でミミズなどを食べてくらしていますが、水辺のくらしにも適応していて、泳ぎもとてもとくいです。水中でもこの鼻で、水生の昆虫などをつかまえることができます。鼻先には、においだけでなく水中の生きものが出すわずかな電気を感じとる電気感覚器もついているのです。においと電気でえものを見つけると、今度は鼻先の突起を指のように動かしてつかまえます。星形をしたこの器官の真ん中には、超敏感ゾーンがあり、一瞬で食べものかどうかを判断します。えものをとらえる速さでも有名で、1秒もかからずにつかまえます。ホシバナモグラからにげられるえものはいません！

65

💪 スーパーパワー

海中で全方位の スーパー視覚

シュモクザメ

💡 ステータス

科：シュモクザメ科（魚類）
全長（尾をふくむ）：種によって、約0.9〜6メートル
体重：種によって、約3〜500キログラム
生息地：世界中の温帯、熱帯の海の沿岸

👍 トピックス

お母さんのお腹の中で卵からかえり、赤ちゃんシュモクザメの姿で生まれてくる。

T字型のハンマーのような形の頭の両端に目がついているので、前も横も後ろもぜんぶ見ることができます。

視野の広さは、ほかのサメのなかまとくらべてもずばぬけていますが、右目と左目がはなれているので、両目に映っているものは、人間と同じように立体的に見えます。サメは嗅覚が鋭く、加えて電気感知器をもっていて、砂の中にかくれているえものを感知することができます。シュモクザメは、特殊なつくりの頭のおかげで、ほかのサメより電気感知器をかなり多くもっています。

すぐれたハンターであるサメのなかまは、海の生態系のバランスを保つために、大切な役割をはたしています。けれども、人間を攻撃するというイメージがあるせいで、殺されることも少なくありません。貴重であると同時に、絶滅の危機に直面しているのです。

67

💪 スーパーパワー
皮膚が透ける！

フライシュマンアマガエルモドキ

💡 ステータス
学名：*Hyalinobatrachium fleischmanni*
科：アマガエルモドキ科（両生類）
体長：オス 約2センチメートル
　　　メス 約3.8センチメートル
生息地：おもに、エクアドル、コロンビア、ベネズエラ、中央アメリカ南部の熱帯雨林

👍 トピックス
眠っているときは内臓も透明になる。

アマガエルモドキ科のカエルの中には、お腹の皮膚がガラスのように透けて体の中が見えるものがいます！ ガラスカエル（グラスフロッグ）という名前でよくよばれます。
体長が4センチメートルもないので、よく見ないとわかりませんが、お腹は、骨や消化器官、血管や肺などがぜんぶ見えます。
どうして皮膚が透き通っているのでしょうか？ まわりの色に似せるだけでなく、透明になると、色の変化以上に見つかりにくくなるので、カモフラージュではないか、と考える科学者もいます。強烈な太陽光線から身を守るため、皮膚が変化したのではないか、と考える科学者もいます。
皮膚が透き通っているカエルのなかまは、南アメリカや中央アメリカの熱帯雨林にすんでいます。熱帯雨林は、農業や森林伐採、都市開発によって急速に破壊されています。すむ場所がなくなってきて、ふしぎなカエルたちの数がへっています。

★スーパー個性パワー

69

 スーパーパワー

内臓を放出して生きのびる

ナマコ

 ステータス

門：棘皮動物門
体長：種によって、約10～30センチメートル、3メートル以上など
生息地：世界中の海底
移動速度：時速約5～50センチメートル

 トピックス

ネバネバの白い糸を出してからみつかせ、捕食者や敵の動きを封じるナマコもいる。

日本ではナマコとよばれるこの生きものは、欧米で「海のキュウリ」という意味の名前でよばれることがあります。ナマコのなかまは、ウニやヒトデと同じ棘皮動物です。

ナマコは、たいてい、海底につもった有機物を触手で集めて食べます。この写真のクロテナマコは、口のまわりにある触手を使って食べものを集めます。ふだんの動きはものすごくゆっくりですが、捕食者が近づいてくると、水を噴射して瞬間移動します。毒のあるネバネバの糸を出して敵を動けなくさせるものもいます。それだけではありません。うまくにげられないときは、内臓の一部を体の外に放出します。敵がそれに引きつけられている間に、岩のすき間などににげこむのです。出してしまった内臓は再生できます。ナマコは、究極の自己防衛という進化をとげてきました。体をおおう殻のような体壁は自在にかたさを変えられます。岩のようにかたくなられては、捕食者もかんたんには食べられません！

70

スーパー個性パワー

★ スーパー個性パワー

💪 スーパーパワー　若返る能力

ベニクラゲ

- 💡 **ステータス**
  - 属：ベニクラゲ属（刺胞動物）
  - 直径：最大で約1センチメートル　　寿命：無限
  - 生息地：日本、地中海ほか

- 📋 **トピックス**　おとなになって死に直面すると、成熟する前の状態にもどることができる。

この写真のクラゲは、チチュウカイベニクラゲといいます。捕食者に食べられたり、海岸に打ち上げられてしまったりしたときはべつですが、ベニクラゲのなかまは、いざというときに若返って死をのがれます！

どんな秘密があるのでしょう。まずは、クラゲの一生について見てみましょう。生まれたばかりのクラゲは、プラヌラ幼生とよばれます。プラヌラ幼生は、触手のあるくきを成長させて、小さなイソギンチャクのような姿になり、岩などにくっついてくらします（ポリプという状態）。ポリプが成長すると、最終的に成熟したクラゲ（メデューサとよばれます）になり、自由に水中をただよいながらくらします。捕食者に食べられたりせずにプラヌラ幼生からポリプになれるものも、ポリプから無事にメデューサになれるものも、とてもわずかです。

メデューサになったベニクラゲは、攻撃されて致命傷を負ったり、食べものがなかったり、環境の強いストレスにさらされたりなど、ほかの生きものなら死を待つだけというときに、スーパーパワーを発動します。細胞を未成熟な状態に変化させて、メデューサからポリプに逆もどりして、生きつづけるのです！ ニワトリなら卵にもどり、チョウならふたたび毛虫になるようなものです！

73

● スーパー"おきて破り"パワー

スーパー"おきて破り"パワー

空を飛ぶヘビ、空を飛ぶカエル、歩く魚、飛ぶ翼のない鳥に出あったら、いちばん感動するのはどの生きものだろうか？ ヘビもカエルも、空は飛ばない。魚は泳ぐものだし、鳥は空を飛ぶものだと、わたしたちは思っている。けれども、そんな「種のルール」などあっさりくつがえし、不可能に思えるような能力を身につけ、環境に適応した生きものがいる。生きものの進化は多様だ。しかし、共通していることがある。地球上のどこであろうと、環境に適応して生きつづけようとすることだ。

 スーパーパワー

空飛ぶドラゴン

トビトカゲ

 ステータス

科：アガマ科（は虫類）
全長（尾をふくむ）：約19〜23センチメートル
生息地：南アジア、東アジア、東南アジアの熱帯雨林

トピックス

空を飛ぶが、まちがいなくトカゲのなかまだ。

トビトカゲは、飛ぶことができ、英語では「フライング・ドラゴン（空飛ぶドラゴン）」とよばれます。属名はDraco、ヨーロッパの神話や伝説に出てくる、あのドラゴンのことです。

ただし、飛ぶといっても、鳥のように翼をはばたかせて飛ぶのではありません。滑空といって、グライダーのように落下の空気抵抗を利用して飛びます。左右それぞれにある肋骨のうち5〜7本を使うのです。飛ぶための肋骨は、ほかの肋骨にくらべ倍近く長く、広げたりたたんだりできるようになっています。ふだんはたたんでいる肋骨を広げると、間についている皮の膜（飛膜）がピンとはられて翼になり、木から木へと10メートル、ときにはもっと遠くまで飛ぶことができるのです。体の色とはちがい、奇抜で派手な飛膜を広げて頭の上を飛んでいったら、ドラゴンに見えてもふしぎではありません。

トビトカゲは、熱帯雨林の木の上でくらしています。飛ぶ姿がよく見られるのは、日のさす川辺の木の上などです。川辺はエサになる昆虫などが多く、は虫類は変温動物なので、体を日光であたためたほうがよく動けるためです。

現在、トビトカゲがすんでいる場所は、森林の伐採や開発によって急激にへってきています。

75

★ スーパー"おきて破り"パワー

💪 スーパーパワー　水かきでスカイダイビング！

クロミズカキトビアオガエル

💡 ステータス
学名：*Rhacophorus nigropalmatus*
科：アオガエル科（両生類）　体長：約10センチメートル
生息地：東南アジアの熱帯雨林

👍 トピックス
ウォレストビガエル（ワラストビガエル）ともよばれる。自然科学者チャールズ・ダーウィンとともに進化論を提唱した生物学者アルフレッド・ラッセル・ウォレスにちなんでつけられた名前だ。

空中を飛ぶために足の水かきを使うようになった生きものがいます。このカエルもそうです！

たいていのカエルは、指の水かきを泳ぐために使いますが、このカエルは、発達して巨大化した水かきを空中を飛ぶために使います。ほかのカエルにはとびうつれないような遠くの枝まで、水かきをめいっぱい広げ、体重の軽い体を浮かして、空中を移動することができるのです。飛べるのは数メートルですが、おもに東南アジアの森の樹上でくらしているこのカエルにとって、捕食者からにげたり、昆虫やカタツムリなどのエサに近づくにはじゅうぶんな距離です。

繁殖期になると、オスはメスを歌で誘います。オスが交尾のために、空を飛ぶ能力を使ってメスに抱きつくこともあります。受精が終わったメスは、湖などの上までのびている木の枝に泡で巣をつくって卵を産みます。卵からかえったオタマジャクシが動きだすと、巣の泡がプシャッ、とはじけ、オタマジャクシは枝の真下の水の中に落ちていきます。

77

★スーパー"おきて破り"パワー

スーパーパワー

海底を歩いてつりをする

バットフィッシュ

ステータス

目：アンコウ目　科：アカグツ科（魚類）
体長：約15～20センチメートル。種によっては40センチメートル以上
生息地：ガラパゴス諸島（エクアドル）とコスタリカなどの、深さ約3～150メートルの海底

トピックス

完全に動かなくなることで、えものや捕食者に気づかれない。

おどろかされるのは、赤やバラ色の派手なくちびるだけではありません。この魚は、海底を歩いてつりをします！

バット（コウモリ）フィッシュという名前は、上から見ると平べったくなった体に大きなひれが広がっている姿が、コウモリのように見えることからつきました。この魚のなかまは、日本ではニシフウリュウウオとよばれています。くちびるが赤い種（写真）が、ガラパゴス諸島の近海にすんでいて、くちびるがバラ色の種が、コスタリカの沖にすんでいます。

バットフィッシュは、胸びれと腹びれを足のように動かし、海底を歩いて移動します。えものをつかまえるときも、そろりそろりと待ちぶせできそうな場所まで歩いていき、ひれの「足」で体をささえて動きを完全に止めます。それから、ふだんは頭の上にしまっている、「つりざお」を出します。そして、さおを口の上でゆらしてつりをします。小魚やエビ、ゴカイなどが、エサだと思って引きよせられてきたら、つかまえて食べるのです。

⭐ スーパー"おきて破り"パワー

💪 スーパーパワー **熱砂で水かきサーフィン！**

ミズカキヤモリ

💡 ステータス
学名：*Palmatogecko rangei*
科：ヤモリ科（は虫類）　全長（尾をふくむ）：約13センチメートル
生息地：アフリカ南西部、ナミブ砂漠

👍 トピックス
歩くのもむずかしい砂漠の砂の上を、すべるように高速移動できる！

皮膚が半透明なミズカキヤモリは、広大な砂丘が広がるナミブ砂漠にすんでいます。にげるときやえものをつかまえるときには、水かきをサーフボードにして、砂の上でサーフィンをするように高速移動します。

ナミブ砂漠でくらすほとんどの生きものは、非常に暑くなる日中は、太陽をさけてすごします。ミズカキヤモリも、太陽の熱をさけるため、水かきのある足で地中にほった巣穴の中ですごし、壁につく露で水分補給します。夜になると巣穴から出て、砂丘をのぼってえものを探します。水かきが発達したおかげで、足が砂にしずんでしまうことがなく、砂の坂を上るときは、指の先にある小さな粘着パッドを使えば、すべり落ちることはありません。コオロギやバッタ、小さなクモなどのえものを見つけると、すべるように高速移動してほかの捕食者よりも先につかまえます。

大西洋に面しているナミブ砂漠では、朝になると、風に乗って海の霧が砂漠の奥深くまで流れこんできます。ミズカキヤモリにとって、大きな目につく露は貴重な水分なので、舌を使ってなめとります。

81

スーパーパワー
二本足で横っとびホッピング

ベローシファカ

ステータス

学名：*Propithecus verreauxi*
科：インドリ科（ほ乳類）
体長：約45センチメートル
尾の長さ：約60センチメートル
体重：約3.5キログラム
生息地：マダガスカル島（マダガスカル）南西部

トピックス

横っとびするときは、長い尾と両手でバランスをとる。

ベローシファカは、小さな群れをつくってくらしています。ほとんど木の上で生活していますが、木がはなれすぎていてとびうつれないときなどには、地上におりてきて移動します。その動きはとてもユニークです！

まるでサッカーのゴールキーパーがサイドステップをふむように、後ろ足で横っとびして進むのです。とんでいる間に体の向きを変えることもできます。

ベローシファカは、キツネザルのなかまです。厚く白い美しい毛皮と頭の上だけ茶色い毛をしています。木の上や地上でバランスをとるための、とても長い尾があります。暑くなる昼間は休んで、朝と夕方に、木々の間をじょうずにとびまわりながら食べものを探します。後ろ足で木の幹をけり、10メートル近くもとぶことができるのです！

ベローシファカは、いま、絶滅の危機に直面しています。この愛らしい横っとびも、見られなくなるかもしれません。

★スーパー"おきて破り"パワー

83

★ スーパー"おきて破り"パワー

 スーパーパワー

ほ乳類の滑空チャンピオン

フィリピンヒヨケザル

ステータス
学名：*Cynocephalus volans*
科：ヒヨケザル科（ほ乳類）
体長：約40センチメートル
尾の長さ：約20〜30センチメートル
体重：約1〜1.8キログラム
生息地：フィリピン南部の熱帯雨林

トピックス
最長で150メートルも空中移動することができる！

フィリピンヒヨケザルは、地面にふれることも、ましてや地上を歩くことはまずありません！

地上からはるかに高い木の上でくらし、皮膚のうすい膜である飛膜を広げて、遠くの木へ滑空して移動できるので、地上におりる必要はまったくありません。飛膜は、前足と後ろ足の間だけではなく、あごから前足、後ろ足から尾の間にも、さらに足の飛膜は指の間から指の先端にまであり、おどろきの滑空能力があります。

この動物の分類については、科学者の間で議論がつづいてきました。最初はコウモリのなかまの「翼手目」に分類されましたが、その後、モモンガに近いとされ、後には、キツネザルのなかまだと考えられました。現在では遺伝子研究により、新しい「皮翼目」というなかまがつくられています。そして、ヒヨケザルなどの皮翼目と、ヒトやサルなどの霊長目とは、共通の祖先からそれぞれ異なる方向へと進化をとげていったグループであることがわかっています。

85

⭐ スーパー"おきて破り"パワー

💪 スーパーパワー 　**平たくなって空を飛ぶ！**

パラダイストビヘビ

💡 ステータス
学名：*Chrysopelea paradisi*
科：ナミヘビ科（は虫類）
体長：約1〜1.2メートル　生息地：東南アジア、インドの熱帯雨林

👍 トピックス
高い木の上から空中に身を投げ、空を飛ぶ。

木の多い場所にすんでいるパラダイストビヘビは、高い木の上から身を投げだし、空中を滑空します。頭の上をヘビが飛んでいったら、びっくりしない人はいないでしょう。

トビヘビは肋骨を広げることができます。木の枝のはしまでくると、体全体を平たくし、お腹をへこませ、空気を受ける面積をふやします。それから、勢いをつけてジャンプします。空中では、方向がくるわないようにし、ねらった場所に安全に着地します。まさに理想的な滑空です。この飛び方で、トビヘビは空中をおよそ100メートルも移動できるのです！

パラダイストビヘビは、熱帯雨林のキャノピーとよばれる高い木々のてっぺん近くでくらしています。食事も移動も木の上で行い、地上におりることはほとんどありません。メスは木の上で卵を産み、卵からかえったヘビは木の上で成長します。子どものパラダイストビヘビも小さな体で空を飛びます。

現在、東南アジアの熱帯雨林にくらす多くの生きものと同じように、パラダイストビヘビも、人間の森林伐採によってすむ場所が急速にへりつづけています。

 スーパーパワー

最強ハンター集団

リカオン

 ステータス

学名：*Lycaon pictus*
科：イヌ科（ほ乳類）
体長：約80〜110センチメートル
体高（肩までの高さ）：約60〜80センチメートル
体重：約20〜30キログラム
生息地：サハラ以南のアフリカ

👍 トピックス

時速25キロメートルものスピードのまま長距離を走りつづけ、えものを追う。

リカオンのくらし方は、オオカミに似ています。しかし、あごの力や姿などは、むしろ、ハイエナのようです。

リカオンは、5〜20頭くらいのパックという群れでくらしますが、ハイエナの群れとは大きなちがいがあります。ハイエナの群れには上下関係があり、力の弱いものはエサを食べられないこともよくあります。リカオンの群れには、厳格なルールがあり、弱いものを群れで守り、優先して子どもにエサをあたえ、全員で平等に食べます。リカオンは群れのメンバーを個々の固有のにおいと声で判別することができます。鳴き声や小さなうなり声を聞いただけで、だれなのかわかります。また、体のもようもみんなちがい、そのもようでも見分けることができます。

狩りも群れの力で行います。えものを見つけると、にげられないように、群れで包囲し、みごとなチームワークでしとめます。持久戦もとくいです。成功率は、アフリカの肉食動物の中でナンバーワン。1頭ずつの力は弱くても、群れの力は最強です。リカオンの群れの力は、まさにおきて破りパワーなのです。

⭐ スーパーおきて破りパワー

💪 スーパーパワー　海も空も飛ぶ

ナンヨウマンタ

💡 ステータス
学名：*Mobula alfredi*
科：イトマキエイ科（魚類）
体長：約3〜5メートル　生息地：熱帯、亜熱帯の海

👍 トピックス
水中を飛ぶように泳ぐだけでなく、水面から出て飛ぶこともできる。

ナンヨウマンタは、水中では呼吸するためにいつも泳いでいなければなりません。泳ぐことで、水をエラに流しこみつづけ、酸素を血液中にとりこむからです。

熱帯の海でナンヨウマンタに出あえたら、その大きさと、大きな胸びれをはばたかせるようにして泳ぐ優雅さに、だれしもが息をのみます。こんなに大きな体をしているのに、マンタが食べるのはプランクトンやオキアミなどの小さな甲殻類です。マンタには、胸びれが分かれてできた頭びれが口の横にあり、この頭びれで、大きくあけた口の中にエサを水ごと豪快に送りこみます。泳ぐときには、頭びれは筒状にくるくると丸めます。

マンタは、海の深さによって泳ぎ方を変えます。深いところでは、一定のスピードで真っすぐに、海岸の近くの浅いところでは、波に合わせるように、スピードを上げたり下げたりして泳ぎます。なんのためなのかはわかっていませんが、ナンヨウマンタは、水面から飛びだして、空中をはばたくこともできます。

★ スーパー"おきて破り"パワー

 スーパーパワー

飛(と)べない翼(つばさ)

ガラパゴスコバネウ

ステータス

学名(がくめい)：*Phalacrocorax harrisi*
体長(たいちょう)：約(やく)90～100センチメートル
体重(たいじゅう)：約(やく)2.5～5キログラム
生息地(せいそくち)：ガラパゴス諸島(しょとう)（エクアドル）

トピックス

環境(かんきょう)に適応(てきおう)し、翼(つばさ)が小(ちい)さくなって羽(はね)の質(しつ)も変(か)わった。

チャールズ・ダーウィンは、19世紀(せいき)半(なか)ばに進化論(しんかろん)を提唱(ていしょう)したイギリスの自然科学者(しぜんかがくしゃ)ですが、まだ20代(だい)のころビーグル号(ごう)という調査船(ちょうさせん)で、世界各地(せかいかくち)をめぐり、ガラパゴス諸島(しょとう)も訪(おとず)れました。

潜水(せんすい)して魚(さかな)などを食(た)べるウのなかまで、空(そら)を飛(と)べないのは、ガラパゴスコバネウだけです。当時(とうじ)はたいていの人(ひと)たちが、もともと飛(と)べないウがガラパゴス諸島(しょとう)にいたのだと考(かんが)えていました。ですが、ガラパゴスの生(い)きものたちを観察(かんさつ)したダーウィンは、「そうではない。ガラパゴス諸島(しょとう)の生(い)きものは、南(みなみ)アメリカの生(い)きものたちと祖先(そせん)は同(おな)じで、ガラパゴス諸島(しょとう)に移(うつ)りすんで何世代(なんせだい)も何世代(なんせだい)もくらしているうちに、独特(どくとく)の特徴(とくちょう)をもつようになったのだ」と考(かんが)えました。

生(い)きものには変異(へんい)や個体差(こたいさ)が生(しょう)じます。ガラパゴスのこのウは大陸(たいりく)から島(しま)に飛(と)んできてすみはじめました。世代(せだい)を重(かさ)ねるうちに、飛(と)ぶ力(ちから)が弱(よわ)いものも生(う)まれます。けれど、ガラパゴス諸島(しょとう)は、赤道(せきどう)に近(ちか)く、エサの豊富(ほうふ)な海(うみ)に囲(かこ)まれ、捕食者(ほしょくしゃ)がいない環境(かんきょう)だったため、飛(と)ぶ力(ちから)がなくても生(い)きのびられました。むしろ水中(すいちゅう)を自在(じざい)に動(うご)ける水(みず)かきのついた強(つよ)い足(あし)をもったものが生(い)きやすいのです。ガラパゴスコバネウは、ガラパゴス諸島(しょとう)という環境(かんきょう)に適応(てきおう)して、ぬれても体温(たいおん)をうばわれにくい、まばらな羽(はね)の小(ちい)さな翼(つばさ)の飛(と)べないウへと進化(しんか)したのです。

93

生きものさくいん

アイゾメヤドクガエル …………… 6
アカシア …………………………… 33
アザラシ …………………………… 39
アブラゼミ ………………………… 40
アメリカビーバー ………………… 37
アリ ………………… 5, 8, 16, 25, 61
イカ …………………………… 39, 55
イソギンチャク …………………… 73
ウ …………………………………… 93
ウォレス（ワラス）トビガエル …… 76
ウナギ ……………………………… 34
ウニ ………………………………… 70
エイ ………………………………… 22
エビ ………………………………… 79
オウムガイ ………………………… 55
オオカバマダラ …………………… 58
オオカミ …………………………… 88
オオグチボヤ ……………………… 63
オキアミ …………………………… 91
オグロヌー …………………… 30, 31
オタマジャクシ …………………… 77
カエル ……… 6, 11, 60, 68, 74, 77
ガゼル ……………………………… 29
カタツムリ ………………………… 77
カニ ………………………………… 12
カメムシ …………………………… 61
ガラスカエル ……………………… 68
ガラパゴスコバネウ ……………… 93
カンガルー ………………………… 50
キジオライチョウ ………………… 47
キタゾウアザラシ ………………… 39
キツネザル …………………… 82, 85
キョクアジサシ …………………… 26
キリギリス ………………………… 11
クジャク ……………………… 43, 47
クジャクグモ ……………………… 43
クマゼミ …………………………… 40
クモ ………………… 5, 43, 52, 81
クラゲ ………………………… 60, 73
クロテナマコ ……………………… 70
クロミズカキトビアオガエル …… 76
コウモリ ……………… 20, 79, 85
コオロギ ……………………… 20, 81
ゴカイ ……………………………… 79
コヨーテ …………………………… 5
サソリ ……………………………… 15

サバクカンガルーネズミ ……… 50, 51
サメ ………………………………… 67
サル …………………………… 44, 85
サルオガセ …………………… 10, 11
サルオガセギス …………………… 10
サルオガセツユムシ ………… 10, 11
ジバクアリ ………………………… 16
シビレエイ ………………………… 22
シマウマ ……………………… 30, 31
シマテンレック …………………… 20
ジャガー …………………………… 8
シャカイハタオリ ………………… 33
ジャコウウシ ………………… 56, 57
シュモクザメ ……………………… 67
シロアリ …………………………… 8
スカンク …………………………… 8
スズメ ……………………………… 33
スプリングボック ………………… 29
スローロリス ……………………… 19
セイヨウシビレエイ ……………… 22
セミ ………………………………… 40
ゾウ ………………………………… 39
ゾウアザラシ ……………………… 39
タコ ………………………………… 55
タヌキ ……………………………… 8
チーター ……………………… 29, 31
チチュウカイベニクラゲ ………… 73
チョウ ………………………… 58, 73
ツノゼミ …………………………… 61
テキサスツノトカゲ ……………… 5
テングザル ………………………… 44
トカゲ ………………………… 11, 75
トッケイヤモリ …………………… 1
トビトカゲ ………………………… 75
トビヘビ …………………………… 87
ナマコ ……………………………… 70
ナンヨウマンタ ……………… 90, 91
ニシフウリュウウオ ……………… 79
ニワトリ …………………………… 73
ヌー …………………………… 30, 31
ネズミ ………………………… 37, 50
ハイエナ …………………………… 88
バイソン …………………………… 56
ハエトリグサ ……………………… 63
ハエトリグモ ……………………… 43
ハキリアリ ………………………… 25

ハチ …………………………… 15, 61
バッタ ……………………………… 81
バットフィッシュ ………………… 79
バッファロー ……………………… 15
ハニーガイド ……………………… 15
パラダイストビヘビ ………… 86, 87
ビーバー ……………………… 36, 37
ピグミースローロリス …………… 19
ヒト ………………………………… 85
ヒトデ ……………………………… 70
ピューマ …………………………… 8
ヒョウ ………………………… 29, 31
ファイアサラマンダー …………… 52
フィリピンヒヨケザル …………… 85
フグ ………………………………… 12
フライシュマンアマガエルモドキ … 68
ブラックマンバ …………………… 15
プランクトン ………………… 63, 91
フンコロガシ ……………………… 49
ベニクラゲ …………………… 72, 73
ヘビ ………………… 15, 51, 74, 87
ベローシファカ …………………… 82
ホシバナモグラ …………………… 65
ホッキョクオオカミ ……………… 57
ホヤ ………………………………… 63
マングース ………………………… 20
マンタ ……………………………… 91
ミズカキヤモリ ……………… 80, 81
ミゾレフグ ………………………… 12
ミツアナグマ ……………………… 15
ミツバチ …………………………… 8
ミナミコアリクイ ………………… 8
ミナミゾウアザラシ ……………… 39
ミミズ ……………………………… 65
ムカデ ……………………………… 5
モグラ ………………………… 60, 65
モモンガ …………………………… 85
ヤギ ………………………………… 56
ヨーロッパウナギ ………………… 34
ヨーロッパビーバー ……………… 37
ラーテル ……………………… 14, 15
ライオン ……………………… 29, 31
ライチョウ ………………………… 47
リカオン …………………………… 88

訳者あとがき

　この本を最初に手にとったとき、生きものたちの写真にひきつけられて、ページをめくる手が止まらなくなりました。しかも、「ほんとうに？　ありえない！」と、思わずつぶやいてしまうようなスーパーパワーを、どの生きものたちもそれぞれにもっているのです。なんという多様さでしょうか。

　生きものはなぜこんなに多様なのかを、進化論という考え方から科学的に解明しようとした自然科学者がいます。93ページに登場したダーウィンです。この本では「進化」ということばが何度も出てきます。注意したいのは、ここでの「進化」は、ふだんの生活の中で使う「技術を進化させよ」といったような「進歩」という意味での進化ではありません。進歩とよぶような変化は生きものの進化にはない、と進化論では考えます。

　わたしたちは、人間はほかの生きものより高等で特別だと心のどこかで思ってしまいがちですが、人間もクラゲもカエルも、すべての生きものは、もともとひとつで、上も下もなく、世代を重ねながら、変化し、いろいろな種に枝分かれしていき、いまの生きものの世界になっている。親の世代よりも環境に適応した変化をとげたものが、次の世代へとつながっていきやすいし、個体差や変異が多様であれば多様であるほど、生命がつづいていく可能性は高い。という考えに、遺伝についていまのようにわかる前なのに、ダーウィンはたどりついていたのです。この本の生きものを見ていると、ほんとうにそうだと実感します。ダーウィンの理論は、その後、進化生物学や遺伝子の研究、環境科学や社会科学などさまざまな分野の発展に大きな影響をあたえつづけ、生命や生きものの研究が進むにつれて、生物の多様性こそが、地球に生命が存在しつづける源であることがはっきりしてきています。

　さて、本文中で紹介されているのは45の生きものですが、じつは写真だけで登場している生きものが1種います。1ページ目の愛嬌たっぷりの生きものは、ヤモリのなかまで、トッケイヤモリといいます。80ページに登場した、ミズカキヤモリのいわば親戚です。ミズカキヤモリには砂漠の砂の上をサーフィンするように移動するというスーパーパワーがあり、指の間に水かきをもっています。トッケイヤモリの指とくらべると、つくりがぜんぜんちがうことがわかります。このトッケイヤモリをはじめ、日本にいるヤモリたちも、家の壁や天井にはりつくというスーパーパワーをもっていて、第2巻に登場しますので、ぜひ見てください。

　この本に登場した生きものたちは、想像上の生きものではなく、地球のどこかに実際にいます。陸上にいる生きものたちは、いまこの瞬間、みなさんやわたしと同じ空気を吸っています。東南アジアではトカゲやカエルが空を飛び、マダガスカルではベローシファカがはね、そして、海や川などの水の中でも、ウナギが生まれた海をめざし、ナンヨウマンタが泳ぎ……。多様な生きものたちを、同じ生きものの一員として見ながら、「多様性」を実感していただけたら、訳者としてこれほどうれしいことはありません。

大西　昧

ジョルジュ・フェテルマン（Georges Feterman）

自然科学の准教授。フランスの貴重な樹木の研究と保全・保護を目的とした非営利団体「A.R.B.R.E.S.協会」会長。20年以上にわたって、樹齢、大きさ、歴史的な意義、生態系の中での役割、希少性などの観点から、フランスの数多くの樹木をカタログ化し、『Les plus vieux arbres de France』『Les 500 plus beaux arbres de France』（いずれも未邦訳）など自然に関する書籍を多く執筆。自然遺産に対する保全を促進する活動に取り組んでいる。

大西 昧（おおにし まい）

1963年、愛媛県生まれ。東京外国語大学卒業。出版社で長年児童書の編集に携わった後、翻訳家に。主な訳書に、『ぼくはO・C・ダニエル』『おったまげクイズ500』『おったまげコンテスト36』『シン・動物ガチンコ対決（全5巻）』（いずれも鈴木出版）などがある。

PICTURE CREDITS

Adobe Stock Photo: 20/21 hakoar; 30/31 gudkovandrey; 66/67 wildestanimal. Alamy: 14/15 Afripics / Alamy Stock Photo; 24/25 Redmond Durrell / Alamy Stock Photo; 46/47 Rick & Nora Bowers; 84/85 Joshua Davenport. Biosphoto: Front cover: Martin Harvey; 8/9 © Luciano Candisani / Minden Pictures; 12/13 © Fred Bavendam / Minden Pictures; 22/23 © Paulo de Oliveira / Biosphoto; 32/33 © Martin Harvey; 42/43 © Adam Fletcher; 50/51 © Michael Durham / Minden Pictures; 54/55 © Reinhard Dirscherl; 58/59 © Sylvain Cordier; 60/61 © Husni Che Ngah; 62/63 © Norbert Wu / Minden Pictures; 64/65 © Ken Catania / Visuals Unlimited / SPL - Science Photo Library / Biosphoto; 68/69 © Pete Oxford / Minden Pictures; 70/71 © Reinhard Dirscherl; 72/73 © Ryo Minemizu / Oasis; 74/75 © Chien Lee / Minden Pictures; 76/77 © Quentin Martinez; 78/79 © Fred Bavendam / Minden Pictures / Biosphoto; 80/81 © Martin Harvey; 86/87© Cede Prudente / Photoshot /Biosphoto; 90/91 © Tim Fitzharris / Minden Pictures. Hemis.fr: 16/17 © Minden / Alamy / Hemis; 18/19 © Minden / Alamy / Hemis; 38/39 © Robert Harding / hemis.fr; 92/93 © Minden. Nature Picture Library: 4/5 Rolf Nussbaumer; 10/11 Nature Production; 28/29 Francois Savigny; 34/35 Juan Manuel Borrero; 36/37 Jeff Foott; 56/57 Sergey Gorshkov; 82/83 Andy Rouse; 88/89 Wim van den Heever. Shutterstock: Back cover (top) Wang LiQiang; (centre b/g) Tunatura; (centre f/g) Rich Carey; (bottom left) Ryan M. Bolton; (bottom right) Hariyono Suwardi; 1 Hariyono Suwardi; 2/3 Dotted Yeti; 6/7 YIUCHEUNG; 26/27 Jackal photography; 40/41 © Jiri Prochazka; 44/45 Michiel Scheerhoorn; 48/49 Hein Myers Photography; 52/53 Marek R. Swadzba; 94/95 Ethan Daniels; 96 Denis Moskvinov.
アフロ：シャカイハタオリ 33

スーパーパワーを手に入れた生きものたち
①スーパーパワー発動！

2024年 11月25日　初版第1刷発行

文／ジョルジュ・フェテルマン
訳／大西　昧
発行者／西村保彦
発行所／鈴木出版株式会社
〒101-0051 東京都千代田区神田神保町2-3-1 岩波書店アネックスビル5F
電話／03-6272-8001 FAX／03-6272-8016 振替／00110-0-34090
ホームページ https://suzuki-syuppan.com/
印刷所／株式会社ウイル・コーポレーション
ブックデザイン／宮下　豊

Japanese text ©Mai Oonishi, 2024　Printed in Japan
ISBN978-4-7902-3437-1 C8045 NDC460／95P／30.3×23.6cm
乱丁・落丁本は送料小社負担でお取り替えいたします。

Original title: Superheroes of Nature by Georges Feterman
© 2022 Quarto Publishing plc
First published in 2022 by QED,
an imprint of The Quarto Group.
All rights reserved.
Japanese translation rights arranged with Quarto Publishing Plc, London
through Tuttle-Mori Agency, Inc., Tokyo